DEBUT D'UNE SERIE DE DOCUMENTS
EN COULEUR

GÉOGRAPHIE HISTORIQUE

DE LA

BRIE GALEUSE OU GALVÈSE

PAR

Le Dr A. CORLIEU,

Membre de la Société Historique et Archéologique
de Château-Thierry,
Chevalier de la Légion d'honneur, et de l'Ordre de Charles III.

PARIS,

CHEZ CHAMPION, LIBRAIRE, 15, QUAI MALAQUAIS.

1875.

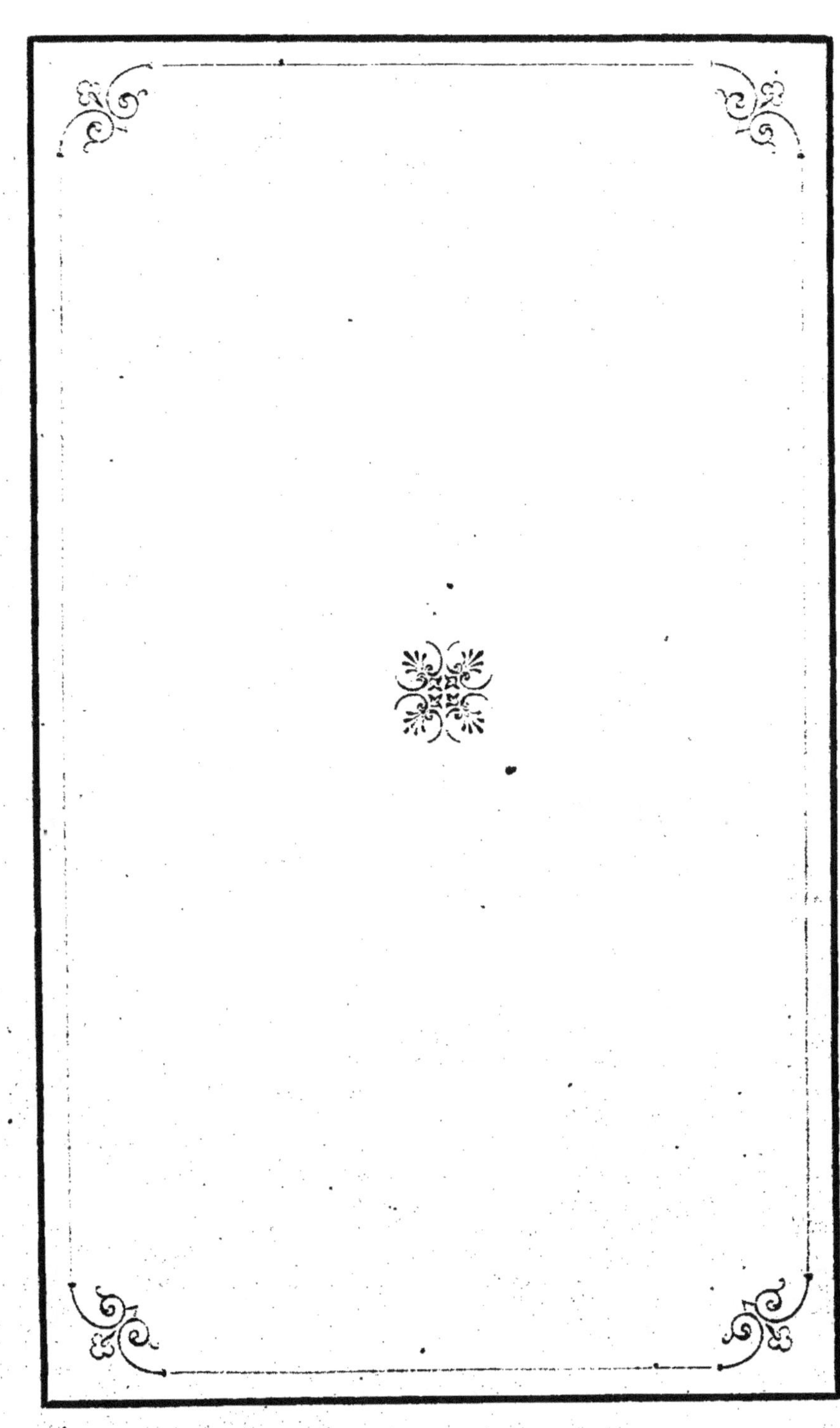

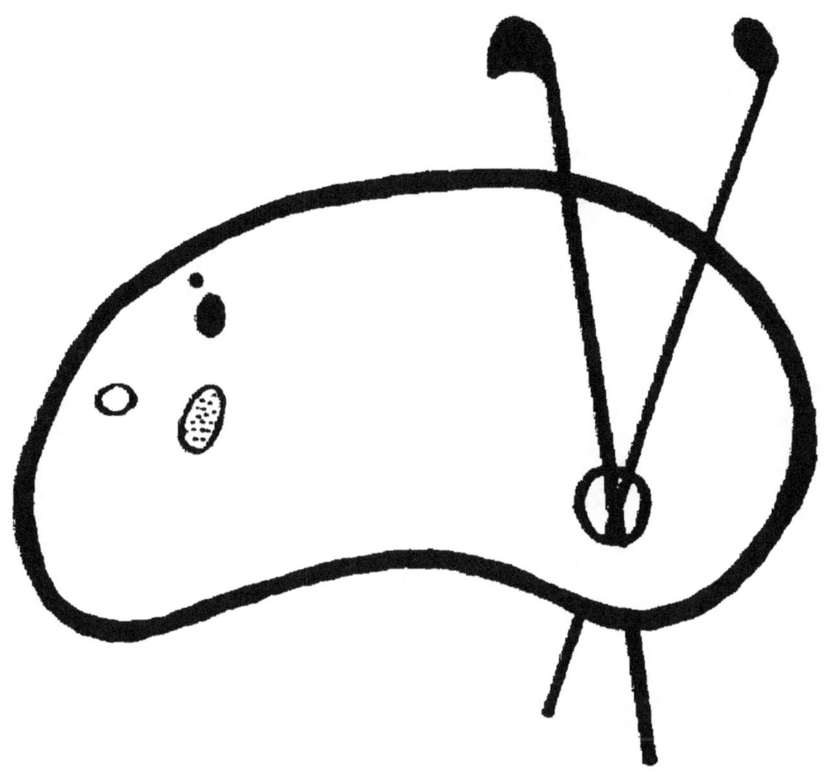

FIN D'UNE SERIE DE DOCUMENTS
EN COULEUR

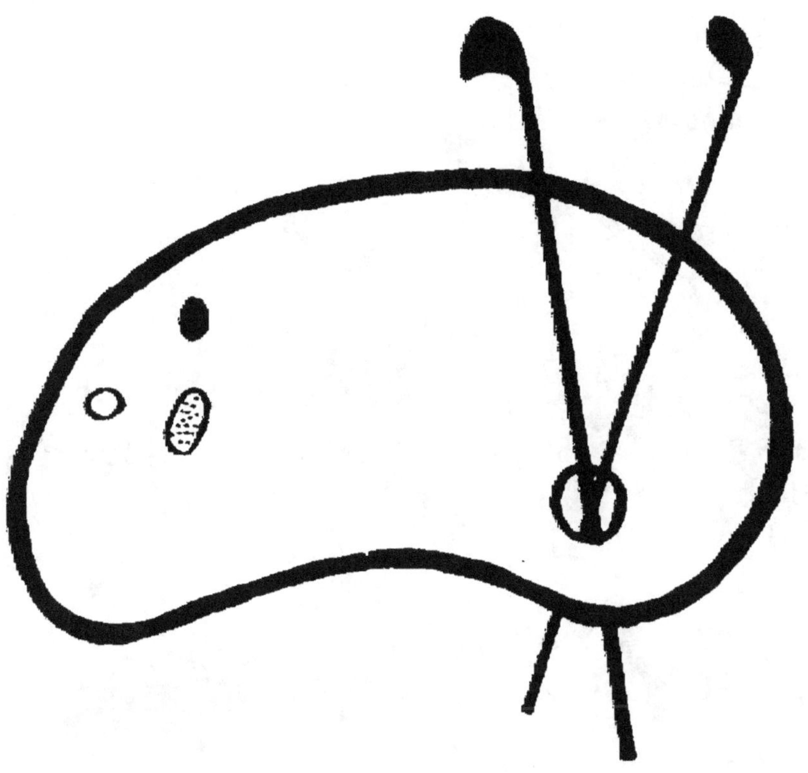

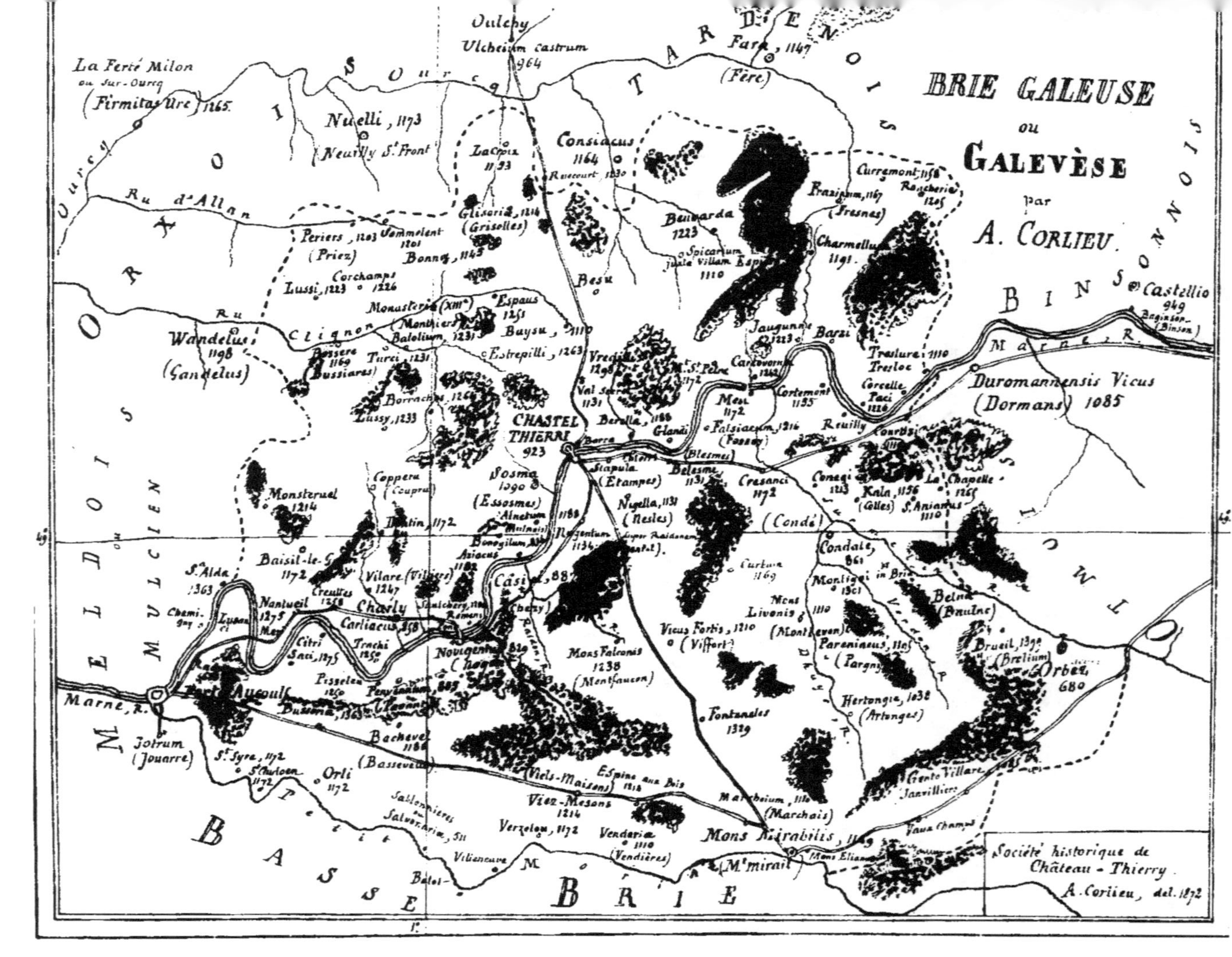
BRIE GALEUSE
ou
GALEVÈSE
par
A. CORLIEU.
Société historique de Château-Thierry.
A. Corlieu, del. 1872
La Ferté Milon ou sur-Ourcq (Firmitas Ure) 1165.
Oulchy Ulcheium castrum 964
Fara, 1147 (Fère)
Nuelli, 1173
Neuilly St Front
La Croix 1193
Consiacus 1164
Ruecourt 1130
Curramont, 1158
Frazinum, 1167 (Fresnes)
Rascherie 1205
Glisoria, 1214 (Grisolles)
Beuuarda 1223
Charmellu 1191
Periers, 1203 (Priez)
Vammolent 1201
Bonnz, 1145
Spicarium juxta villam Espi 1110
Corchamps 1226
Lussi, 1223
Besu
ORX
Ru d'Allan
Ru
Clignon
Wandelus 1198 (Gandelus)
Monasterie (XIII) Monthiers Balolium, 1231
Espaus 1251
Baysu, 1110
Jaugunne 1223
Barzi
Castellio 949 (Bininson Binson)
BINSONNOIS
Marne R.
Pessere 1169 Bussiares
Turci, 1231
Estrepilli, 1263
Vredill 1198
St Petre 1172
Cartevorn 1242
Traslure Tresloc 1110
Duromannensis Vicus (Dormans) 1085
Borrache 1266
Lussy, 1233
Val ser
Mou 1172
Cortement 1155
Corcelle Taci 1110
MELDOIS ou MULCIEN
CHASTEL THIERRI 923
Berulla, 1188
Glandi
Falsiacum, 1216 (Fosse)
Reuilly
Courtis
Copperia (Coupru)
Sosma 1090 (Essosmes)
Barra
Stapula (Etampes)
Blestz
Blesmes
Belesme
Conegi 1223
Kala, 1156 (Celles)
La Chapelle 1265
Monsteruel 1214
Dantin, 1172
Alnetum Mulnoil
Nigella, 1131 (Nesles)
Cresanci 1172
(Condé)
St Anianus 1110
Baisil-le-G 1172
Vilare (Viliers)
Bonogilum Aziacus 1182
Nogentum 1134
super Aisdanam (cent.)
Curluin 1169
Condate, 861
Montigei in Brie 1201
Belna (Bnulne)
St Alda 1363
Creultes 1247
Charly
Sanlchery nou Romans
Casi, 887 (chery)
Mont Livonis (Montleven)
Parenineus, 1125 (Pargny)
Brueil, 1399 (Brelium)
Chemi 991
Lupan
Nantueil 1275
Carliacus 858
Mons Falconis 1238 (Montfaucon)
Vicus Fortis, 1210 (Viffort)
Hertongia, 1038 (Artonges)
Orbei 680
Citri Saci, 1275
Trachi 1250
Novigenta Choqu
Marne R.
Pisseleu 1250
Penningum, 885
Fontanales 1329
MELDOIS
Jotrum (Jouarre)
St Syra, 1172
Bussma, 1363
Bachevel 1186 (Basseval)
Viels-Maisons
Espine aua Bois 1114
Gente Villare Janvillier
St Chaloen 1172
Orli 1172
Sallonnieres ou Salvanaria, 511
Viez-Mesons 1214
Marcheium, 1110 (Marchais)
Vaus Champ
Vilieneuve
Batol
Verzelou, 1172
Vendaria 1110 (Vendières)
Mons Mirabilis, 1149
Mons Elian
(M'mirait)
BASSE BRIE
TARDENOIS
SOISSONOIS

CHATEAU-THIERRY. — O. LECESNE, IMPRIMEUR, 15, GRANDE-RUE, 15

GÉOGRAPHIE HISTORIQUE

DE LA

BRIE GALEUSE OU GALVÈSE

PAR

Le Dr A. CORLIEU,

Membre de la Société Historique et Archéologique
de Château-Thierry,
Chevalier de la Légion d'honneur, et de l'Ordre de Charles III.

———

PARIS,

CHEZ CHAMPION, LIBRAIRE, QUAI MALAQUAIS, 15,

—

1875.

GÉOGRAPHIE HISTORIQUE

DE LA

BRIE GALEUSE OU GALVÈSE.

—

I.

Si nous nous reportons, par la pensée, aux premiers siècles de l'ère chrétienne, en nous appuyant sur les notions que nous fournissent les documents historiques et monastiques, nous pouvons nous faire une idée de ce qu'était alors le pays que nous occupons.

Au temps de la conquête romaine, cette contrée remarquable par sa fertilité, était déjà très-peuplée, puisque Jules César nous rapporte qu'une ligue s'étant formée dans la Belgique pour repousser les Romains, les Bellovaques qui pouvaient armer 100,000 hommes, en avaient promis 60,000 et les Soissonnais 50,000 (1). Ce nombre était peut-être exagéré avec intention par le général romain. Le sol fournissait à ses habitants des grains, du froment, un peu de vin. Presque toutes les montagnes étaient couvertes de forêts, dont les bois servaient aux besoins journaliers et dont les hôtes sauvages fournissaient à la nourriture. De son côté, la Marne, très-poissonneuse, y contribuait également pour une large part.

Jules César cite les *Suessiones* comme les peuplades qui habitaient notre contrée : à l'est, c'étaient les *Remi* (Rémois) ; à l'ouest,

(1) Jules César, *Guerre des Gaules*, II, chap. IV. pag. 61.

les *Bellovaci* (Bellovaques); au sud, les *Senones* (Sénonais, pays de Sens); au sud-est, les *Tricasses* (Troyens).

Sous Auguste, notre pays faisait partie de la 2ᵉ Belgique (1), et du temps de Ptolémée, 128 ans environ après Jésus-Christ, il paraît avoir été occupé par les *Vadicasses*. Tous les géographes cependant ne sont pas d'accord à ce sujet, les uns plaçant les Vadicasses sur les confins des Meldois et des Soissonnais, les autres les plaçant beaucoup plus au sud.

Il importe surtout, pour résoudre ce problème, de voir par la latitude et la longitude assignées par Ptolémée à la ville principale des Vadicasses, *Noiomagus*, dans quelle situation il les plaçait par rapport aux peuples ou aux villes dont la situation n'est pas douteuse.

Ptolémée dit en effet, après avoir cité les Meldois dont la ville principale, *Iatinum* (Meaux), est située sur le 23° de longitude et sur le 47° 30' de latitude : « Après les Meldois, vers la Belgique, sont les Vadicasses, et leur ville, *Noiomagus*, est située à 24° 20' de longitude, 46° 30' de latitude (2). »

Ptolémée ajoute : « Au-dessous des Vermandois sont les Soissonnais, dont la ville *Augusta Suessonum* est située à 23° 30' de longitude, à 48° 50' de latitude.

« Après eux, au delà du fleuve, sont les Rémois, et leur ville *Durocottorum* est située à 23° 45' de longitude, et à 48° 30' de latitude. »

(1) Jules César dit que la Seine et la Marne séparaient les Belges des Gaulois (*Guerre des Gaules*, liv. I, 1). D'après Abraham Ortelius (1575-1595, etc.) la Seine et la Marne séparaient la 2ᵉ Belgique de la 4ᵉ Lyonnaise. La 2ᵉ Belgique comprenait douze cités (*civitates*): Reims, Soissons, Châlons, Vermand, Arras, Cambrai, Tournai, Senlis, Beauvais, Amiens, Thérouanne, Bonne. La 4ᵉ Lyonnaise comprenait sept cités : Sens, Chartres, Auxerre, Troyes, Orléans, Paris, Meaux. Charly était sur la limite de la 4ᵉ Lyonnaise et de la 2ᵉ Belgique. Si la Marne servait de limite, Charly était dans la 2ᵉ Belgique.

(2) Ptolémée, *Géographie*, éd. Bertius, in-folio. Amsterdam, 1619; voir aussi *Historiens des Gaules*, I, pag. 75. Selon Bertius, la longitude de Noviomagus serait 23° 20' et non 24° 20'.

Le pays des Vadicasses est-il le même que le Valois (*Pagus Va-densis*), comme le pensait d'Anville?

Nous ne le croyons pas, car *Vadensis Pagus* signifie le pays de *Vadum*; or, *Vadum* est aujourd'hui Vez dans le Valois, village situé près de Crespy, sur le versant nord de la petite rivière d'Authonne, et peut-être la capitale primitive du *Pagus Vadensis* auquel il a donné son nom. D'Anville, du reste, appuyait son opinion sur le texte grec, mais il donnait à la préposition μετά le sens qu'elle n'a pas, car Ptolémée dit μετά *après*, et non ὑπέρ *au-dessus de*. Houzé dans sa carte des Gaules au temps Jules César, place les Vadicasses sur les bords de la Marne, entre les Meldois et les Soissonnais.

Hadrien de Valois (1) croit que les Vadicasses habitaient dans les environs de Châlons-sur-Marne.

Sanson et Briet les placent dans le Nivernais, en confondant *Noviomagus* avec le *Noviodunum* des *Ædui* mentionné par Jules César.

Dans la carte allemande de Charles de Spruner (*Gaule au temps de César*) nous voyons les *Vadicassi* occupant le pays situé sur les bords de la Seine, au sud des *Tricasses* ou Troyens, au nord des *Lingones* (pays de Langres) et avec sa ville principale *Nœmagus*. L'opinion du géographe allemand ne s'accorde nullement avec le texte de Ptolémée; mais elle n'a pour elle que le degré de latitude du texte grec, 46° 30'.

Le texte de Ptolémée nous autorise donc à croire que c'est entre les Meldois et la Belgique qu'habitaient les Vadicasses, c'est-à-dire le pays situé sur les bords de la Marne. Hardouin pense que c'est la contrée où est actuellement Château-Thierry.

Qu'était-ce donc que *Noviomagus*, ville principale des Vadicasses?

Ce nom est commun à beaucoup de localités en Gaule, telles que Lisieux, Spire, Nimègue, Nyon, Noyon, etc. Cette dernière ville est plus connue sous le nom de *Noviodunum*. Le radical *magus* est un radical celtique latinisé (J. Quicherat) qui paraît avoir signifié

---

(1) Hadrien de Valois, *Notitia Galliarum*, pag. 137.

marais, plaine (1). Beaucoup de localités étaient donc en droit de porter ce nom. D'après les Tables de Peutinger ou Tables Théodosiennes, il y aurait eu une localité de ce nom dans le pays rémois, à 12 lieues gauloises de Reims, et à 55 de *Mosa*. Mais qu'est-ce que *Mosa* ? Est-ce Mouzon ? Est-ce la Meuse ? On incline pour le premier. Voilà qui renverserait complétement l'opinion de Charles de Spruner, qui place Noviomagus au-dessous du pays des Tricasses, c'est-à-dire au sud de Troyes.

Serait-ce Noyon (*Noriodunum, Noviomagus*) ? D'abord Noyon est situé dans le pays des Bellovaques, sur la limite de ce pays et de celui des Soissonnais, sur la rive droite de l'Oise et à près de 30 lieues de Reims. Les distances diffèrent peu à la rigueur de celles que donnent les cartes de Peutinger ; mais, et c'est là le principal argument, Noyon n'a jamais été dans le pays des Vadicasses.

Si les Vadicasses habitaient les bords de la Marne après (μετὰ) les Meldois ; si leur capitale était Noviomagus, nous ne voyons que la ville actuelle de Château-Thierry qui puisse avoir porté ce nom.

Le nom de *Vadicasses* disparut vers le ve siècle.

A l'avénement de Clovis, notre contrée était sous la domination des Romains, qui occupaient les pays baignés par l'Oise, l'Aisne, la Marne jusqu'à la Seine, avec Soissons pour capitale et Syagrius pour chef.

Après Clovis, notre pays fit partie du royaume de Neustrie.

Sous les derniers Mérovingiens et sous les Carlovingiens, les pays gaulois ou *Pagi* furent gouvernés par les Comtes ou compagnons du roi, qui avaient l'autorité judiciaire et militaire. C'était pour maintenir les Comtes dans le devoir et empêcher leurs empiétements et leurs abus de pouvoir que Charlemagne avait institué les *missi dominici*, ou envoyés royaux. Les circonscriptions des comtés étaient les mêmes que celles des *Pagi*.

Sous Charles le Chauve, en 853, nous ne trouvons pas encore

____

(1) D'après quelques historiens, *magus* signifie aussi *oppidum*, ville forte et serait un peu synonyme de *Dun*.

le *Pagus Briegius* ou *Brigensis* (Brie), car le Capitulaire de Servais ne l'indique pas. Mais la contrée que nous habitons était bornée au nord par le *Pagus Urcensis* (1) (Orxois), 771 ; au nord-est par le *Pagus Tardunensis* (2) (Tardenois), 759 ; à l'est par le *Pagus Otmensis* (3), 842, par le *Pagus Baginsonensis*, (pays de Binson Binsonnois), et par le *Pagus Vertudensis* (pays de Vertus) : à l'ouest par le *Pagus Meldensis* ou *Melcianus* (Meldois ou Mulcien) : au sud par la Seine qui servait de limite au *Pagus Senonensis* (Sénonais, pays de Sens).

Si, comme dénomination, les Vadicasses disparaissent vers le ve siècle, on voit vers le vi^e ou viie siècle apparaître, en tant que contrée géographique et nullement administrative, le *Saltus Briegius*, la *Brie*, du mot celtique *Bria, Braya*, qui signifie défrichement, cours d'eau, etc.

Le nom de Brie ne paraît pas remonter plus haut que la fondation de l'abbaye de Faremoutiers, comme on peut le voir dans le testament de sainte Fare, en 632. *Similiter alterum farinarium situm in Briegio super fluviolum Alba* (Aubetin) *pro remedio animæ meæ......* (4). Plus tard, il est employé par Jonas, dans les Vies de saint Colomban et de saint Eustase. La Brie n'est connue d'abord que sous le nom de *forêt, Brigensis saltus, Brigia silva*. Toute la partie du diocèse de Meaux, située au sud de la Marne, a pris le

---

(1) Pagus Urcensis (de *Urcus*, Ourcq) *Orxois* compris entre l'Ourcq à l'ouest, la Marne à l'ouest et au sud, le *Pagus Tardunensis* à l'est. Lieux principaux : Oulchy, Chézy-en-Orxois, La Ferté-en-Orxois (Milon), Marigny-en-Orxois, Neuilly-en-Orxois, Marizy-en-Orxois, Vaux-en-Orxois, Billy-sur-Ourcq, Crouy-sur-Ourcq.

(2) Pagus Tardunensis, *Tardenois*, doit son nom à son chef-lieu *Tardunum*, dénomination celtique que l'on ne peut attribuer avec certitude à aucune localité moderne. Lieux principaux : Fère-en-Tardenois, La Croix, etc.

(3) Pagus Otmensis, *Omois*, comprenant toute la contrée située entre la Marne et le Surmelin, environ une vingtaine de kilomètres, le long de la Marne et une dizaine du nord au sud, par conséquent la rive gauche de la Marne (A. Longnon). Lieux principaux : Nogent, Vinay, Vieille-Marne, Vauciennes, Vincelles.

(4) *Gallia christiana,* t. VIII, *Inst.,* 547.

.nom de Brie; puis une partie des diocèses de Paris, de Sens, de Troyes et de Soissons y fut comprise (1).

Cette contrée géographique avait donc des limites bien vagues, car elle s'étendait dans les pays Meldois, Soissonnais, Sénonais, et se prolongeait un peu à l'est dans le pays des Tricasses ou Troyens.

Notre contrée, et par conséquent CHARLY, faisait partie du *Pagus Melaensis*, pays Meldois, qui devait se prolonger sur les bords de la Marne jusqu'aux *pagi Otmensis* et *Baginsonensis*. Il ne faut donc pas confondre ni comparer la *Brie*, région naturelle, géographique et nullement administrative au temps des Gaulois, avec les *Pagi* ou *Comtés*. Le *Pagus Meldensis* ou *Melcianus* était presque entièrement compris dans cette région géographique; administrativement, il était dans le 5ᵉ *missaticum*, qui comprenait les pays de Paris, Meaux, Senlis, Beauvais, Vendeuil et le Vexin et dont les *missi* étaient Hludowicus, abbé de Saint-Denis, Yrmenfridus, évêque, Ingelwinus et Gotselmus (2).

Après le démembrement de l'Empire de Charlemagne, Flodoard nous apprend qu'Herbert ou Héribert, comte de Vermandois, possédait déjà le château de Château-Thierry. Il possédait également le comté de Meaux; il prit alors le nom de comte de Meaux. A cette époque le comté de Troyes appartenait à Robert, duc de France, l'un des compétiteurs de Charles le Simple. Mis à mort dans la lutte en 923, il eut pour héritier et successeur son gendre Herbert, comte de Vermandois, déjà comte de Meaux et de Château-Thierry. C'est ce même Herbert qui, par ruse, s'empara du roi Charles le Simple et le fit enfermer dans son château de Château-Thierry.

Herbert de Vermandois fut donc, de 923 à 943, comte de Troyes et de Meaux. Charly et notre contrée faisaient ainsi partie du comté de Meaux ayant pour villes principales Meaux et Château-Thierry.

(1) Toussaint Duplessis, *Histoire de l'église de Meaux*, I, 639, notes.
(2) *Capitulaire* de Servais, *Historiens de France*, VII, 616.

Ce comté de Champagne et de Brie devint considérable. De 1152 à 1181, sous Henri Ier le Large ou le Libéral, il fut divisé en 26 châtellenies (1), comprenant 2,017 chevaliers, outre les grands feudataires.

Il dut être divisé plus tard, vers 1274, en quatre bailliages ayant chacun ses coutumes (2). C'étaient : 1° Meaux ; 2° Troyes ; 3° Chaumont ; 4° Vitry.

Le bailliage de Meaux fut à son tour subdivisé en 10 châtellenies, c'est-à-dire en 10 contrées relevant chacune d'un château fort, savoir :

Meaux, Coulommiers, Jouy, Montereau, Bray, Sézanne, Chantemerle, Château-Thierry, Oulchy et Neuilly.

Dans la châtellenie de Château-Thierry, les comtes de Champagne possédaient, en 1172, 86 vassaux ou chevaliers, non compris les grands feudataires ; ce nombre s'accrut encore.

Les châteaux du comte de Champagne étaient situés dans huit diocèses différents : Châlons, Langres, Meaux, Reims, Sens, Toul, Troyes et Soissons (3).

Dans le diocèse de Soissons, les comtes de Champagne possédaient cinq châteaux, savoir :

Château-Thierry, du bailliage de Meaux ;

Chatillon, du bailliage de Vitry ;

Dormans ;

Montfélix, aujourd'hui Chanot ;

Oulchy, du bailliage de Meaux.

L'abbesse de Notre-Dame de Soissons, par sa seigneurie de Charly, depuis 858, était vassale du roi de France ; mais les petits feudataires de Charly étaient vassaux d'autres seigneurs et par conséquent arrière-vassaux des comtes de Champagne.

(1) A. Longnon, *Livre des Vassaux de Champagne*, p. 63.

(2) D'Arbois de Jubainville, *Histoire des Ducs et des Comtes de Champagne*, I, p. 3. Voir aussi Longnon, ouvrage cité, introd. p. 43, 44, 64.

(3) Les trois villes épiscopales de Châlons, Langres et Soissons n'étaient pas dans les états des comtes de Champagne. (D'Arbois de Jubainville, ouv. cité, I, p. 171.)

Outre les comtes de Meaux, il y avait aussi des vicomtes de Meaux, qui étaient vassaux des comtes de Meaux et de Troyes. Le premier que nous trouvons est, en 1096, Hugues I. d'Oisy (1), qui était un des vassaux grands feudataires des comtes de Vermandois, de Champagne et de Brie. Il eut pour successeurs :

Hugues II, seigneur d'Oisy ;

Simon, seigneur d'Oisy, qui épousa Ada, vicomtesse de Meaux, et de La Ferté-Aucoulf ;

Hugues III, seigneur d'Oisy, et par sa femme vicomte de Meaux et de La Ferté-Aucoulf, mort sans enfants en 1189 ;

Hildéarde, sœur de Hugues, lui succéda à la vicomté de Meaux et de La Ferté-Aucoulf ; mais comme elle épousa André, fils d'Hélie, seigneur de Montmirail et de La Ferté-Gaucher, la vicomté de Meaux passa à la maison de Montmirail. André devint donc par ce mariage seigneur de Montmirail, de La Ferté-Gaucher, vicomte de Meaux et de La Ferté-Aucoulf, seigneur d'Oisy. André eut pour successeurs son fils unique ;

Jean de Montmirail, le *Bienheureux*, (2) né en 1165 ;

Jean II de Montmirail et comte de Chartres, mort en 1227, sans enfants ;

Mathieu de Montmirail, frère de Jean II.

La Brie fut ensuite absorbée administrativement par les comtes de Champagne (3) qui continuèrent à porter le titre de comtes de

(1) Oisy, dans le Pas-de-Calais.

(2) Jean le Bienheureux eut cinq enfants, dont quatre moururent sans postérité, savoir : *Jean II*, de Montmirail et comte de Chartres, *Mathieu de Montmirail*, *Elisabeth*, religieuse. *Marie de Montmirail*, qui épousa Enguerrand III de Coucy ; ce fut lui qui bâtit la tour de Coucy en 1198.

(3) Liste des Comtes de Brie et de Champagne :

1re Maison, de Vermandois, de 923 à 1019.

Herbert de Vermandois, (923) mort en	943
Robert	968
Herbert II	993
Étienne Ier, sans postérité	1019

2e Maison, de Blois, de 1019 à 1284.

Eudes Ier, comte de Blois, mort en	1037
Étienne II	1047

Champagne et de Brie, jusqu'en 1285, époque où elle fut réunie à la couronne de France par suite du mariage de Jeanne de Navarre, comtesse de Brie et de Champagne avec Philippe le Bel. C'est en 1361 que le roi Jean réunit définitivement la Champagne et la Brie à la couronne de France. Sous François Ier, le royaume ayant été divisé en gouvernements, la Brie disparaît complètement : une partie passe à l'Ile-de-France (1), l'autre à la Champagne.

La province géographique de la Brie s'étendait de 0° 4' à 1° 34' de longitude, et de 48° 24' à 49° 7' de latitude. (D'Expilly, Dict.)

On la divisait en BRIE FRANÇAISE, BRIE CHAMPENOISE.

La BRIE FRANÇAISE avait pour ville principale : *Brie-Comte-Robert*.

La BRIE CHAMPENOISE avait pour ville principale : *Meaux*.

La Brie Champenoise se subdivisait à son tour en :

Haute Brie, ville principale, MEAUX ;

Basse Brie, ville principale, PROVINS ;

Brie Galeuse, ville principale, CHATEAU-THIERRY.

La *Brie Galeuse*, la seule qui doive nous occuper ici, n'avait pas de limites bien fixes, puisqu'elle ne constituait pas une division administrative : mais elle semblait comprendre tout le pays situé sur

Eudes II.	1063
Thibault Ier	1089
Eudes III.	1097
Étienne III, mort en Terre-Sainte en	1102
Hugues, abdique en	1125
Henri Ier, le Large ou le Libéral	1181
Henri II, élu roi de Jérusalem, mort à Saint-Jean-d'Acre	1197
Thibault III.	1201
Thibault IV, le Chansonnier, roi de Navarre, en	1252
Thibault V, mort en Sicile en	1270
Henri III.	1274

Jeanne, fille d'Henri III, comtesse de Brie et de Champagne, reine de Navarre, épousa Philippe le Bel en 1285 et apporta la Brie et la Champagne à la couronne de France.

(1) La partie qui passa à l'Ile-de-France n'avait jamais appartenu aux comtes de Champagne et de Brie.

les bords de la Marne, depuis La Ferté-sous-Jouarre, et se prolonger en pointe dans le pays occupé par les Rémois et les Troyens, qui plus tard devint la province de Champagne.

D'après Nicolas Sanson, Nogentel, Villort, l'Epine-aux-Bois, formaient l'extrême limite de la Brie. Ce géographe pensait que la rivière de Marne séparait la Brie du Soissonnais.

D'autres pensent que les limites de cette petite province sont formées par les territoires de Ronchères, Cierges, Villeneuve-sur-Fère, La Croix, Sommelans, Priez, Veuilly-la-Poterie (1).

Il est fort difficile de se prononcer d'une manière certaine à ce sujet, puisqu'il n'existe, à notre connaissance, aucune preuve authentique administrative. Toutefois nous ne pouvons accepter l'opinion de Nicolas Sanson quant aux limites orientales de la Brie, puisque nous trouvons, au delà des limites qu'il assigne, des localités situées dans la Brie, telles que La Chapelle-en-Brie (1265), aujourd'hui La Chapelle-Monthodon, Margny-en-Brie, sur le Verdon, Condé-en-Brie, Mareuil-en-Brie, etc.

Nous n'avons trouvé le mot *Gallevesse, Galvèse, Galevèze* dans aucun diplôme, dans aucune charte authentique ; il s'est perpétué oralement dans le pays. Ce n'est qu'au commencement du xviii° siècle que nous le rencontrons dans les ouvrages imprimés. Cela se conçoit assez facilement, puisque le *pagus Briegius* n'apparait lui-même authentiquement qu'assez tard, comme nous l'avons dit plus haut. Les subdivisions de la Brie n'étaient donc que des subdivisions géographiques et la Galvèse n'était, pour ainsi dire, qu'un lieudit de la Brie, s'étendant à une grande circonscription territoriale.

D'après Melleville (2), la **Brie Galeuse** comprenait tout ce qui constitue aujourd'hui l'arrondissement de Château-Thierry, moins le canton de Fère-en-Tardenois, le canton de Neuilly dans l'Orxois, et l'Otmois. A l'est, elle avait pour limites celles qui séparent aujourd'hui les départements de l'Aisne et de la Marne ; elle passait ensuite entre Cierges et Courmont, entre Bruyères et Villeneuve, entre Armentières et La Croix, entre Priez et Cointicourt, entre Gan-

(1) Matton, *Dictionnaire Topographique de l'Aisne*, p. 40.
(2) Melleville. *Dictionnaire du département de l'Aisne*, t. I.

delu et Neuilly, entre Lucy et Bouresches, entre Dhuisy et Montreuil-aux-Lions ; mais nous ne savons sur quelle donnée s'appuie
Melleville pour trancher ainsi cette question qui nous paraît encore
un peu obscure.

Quoi qu'il en soit, cette contrée, la *Brie Galeuse*, occupe le pays
appelé communément *Galrèse*, et nous croyons pouvoir passer
sous silence les différentes opinions émises sur l'étymologie de ce
mot (1). Mais en considérant la fertilité du sol de la contrée ayant
Château-Thierry pour ville principale, nous avons peine à prendre
en mauvaise part l'épithète de *Galeuse* ou de *Pouilleuse* qui lui a
été donnée, épithète que rien ne justifie. Il faut donc en aller chercher ailleurs la signification et l'origine. Ne pourrait-on pas voir
dans l'épithète de *Galeuse* un qualificatif géographique, tirant son
origine de Gal, *Galrèse*, c'est-à-dire *Brie* de la *Galrèse*, Brie
Galvessoise, ou *Galuèse* comme il y eut une Brie absorbée par
l'Ile-de-France ou *Brie française* et une Brie passant dans la
Champagne, ou *Brie champenoise ?* Puis, plus tard, oubliant ou
ignorant l'origine du mot *Galrèse*, on a pu par corruption le chan-
ger en *Galeuse* ou *Pouilleuse* ce qui se sera perpétué et aura ainsi
laissé à notre Brie un qualificatif qui est à la fois une erreur et une
injure. Du reste ce qualificatif doit remonter au temps de la division
de la France en gouvernements, sous François Ier.

Si maintenant nous voulons chercher quelles étaient les limites
entre le pays Meldois et le Soissonnais, nous sommes presque autorisé à croire qu'elles étaient à peu près les mêmes que celles qui
séparent actuellement le département de Seine-et-Marne du département de l'Aisne. Il existait au XIIIe siècle un menhir ou pierre-fiche
au-dessus du hameau de Caumont, commune de Sainte-Aulde ; par
suite de sa situation, ce menhir pouvait servir de limite entre les

(1) *Annales de la Société historique de Château-Thierry.* 1865, p. 43, 55.
Quelques-uns pensent que *Galrèse* et *Galeuse* sont le même mot, les lettres *u* et *v* ayant été jadis des lettres identiques ou se remplaçant mutuelle-
ment ; ou bien le mot *galeuse* ayant été écrit *galuese*, en plaçant *u* avant *e*,
comme neuf s'écrivait *nuef, cœur, cuer.* (De Vertus, Vuilbert, etc.)

deux pays. C'était là précisément la limite de l'ancien évéché de Soissons. Il y a aussi sur la route de Dhuisy à Crouy, à 2 kilomètres environ au-dessus de Dhuisy, une ferme dont le nom, *ferme de Marchais* (1) (*mark*, limite) semblerait indiquer également la limite des deux pays.

II.

Au confluent de la Marne (*Materna*) et du Petit Morin (*Minor Mucra*) (2), en un lieu nommé *Condate* (3), au-dessous de Jouarre (*Jotrum*) 628 (4), était une petite forteresse ou ferté (*Firmitas*) appartenant à un seigneur nommé Aucoulf ou peut-être élevée par un seigneur de ce nom, d'où la dénomination de La Ferté-Aucoulf (*firmitas Ausculphi*), La Ferté-Aucol, sous laquelle ce pays était connu encore au siècle dernier. Aujourd'hui, c'est La Ferté-sous-Jouarre, dont un des faubourgs porte encore le nom de *Condé* ou *Condets*.

A une journée de marche de La Ferté-Aucoulf, en remontant le cours de la Marne, s'élevait sur la rive droite une autre forteresse, à gauche de la chaussée qui venait du pays des Suessoniens, et qui pouvait protéger contre ces derniers les bourgades situées entre la Marne et le Petit Morin. Cette forteresse élevée sur un monticule naturel, probablement par un seigneur nommé **Thierry**, nom très-commun alors dans la contrée, devint Château-Thierry (*Castrum Theodorici*).

A une autre journée de marche de Château-Thierry, toujours en remontant le cours de la Marne, et sur la rive droite, était une autre petite forteresse, *Castellio*, destinée sans doute à protéger le pays à l'est contre les Rémois et les Soissonnais. Cette petite forteresse, *Castellio*, devint plus tard Châtillon-sur-Marne.

Au sud et sur une éminence, en avant du Petit Morin, en un site

(1) *Marchais* existe encore dans certaines provinces avec le sens de *lieu marécageux*.

(2) *Minor Mucra, Major Mucra*, Petit Morin, Grand Morin. (*Gallia Christiana*, VIII, col. 1679.)

(3) *Condate, Condatum*, vieux mot gaulois qui signifie *confluent*.

(4) *Jotrum*, Jouarre. (*Vie de saint Agilus, abbé de Rebais. Hist. de France*, III, p. 513.)

admirable, était élevé un autre point de défense, *Mons Mirabilis*, Montmirail (1), de sorte que cette contrée se trouvait défendue au nord par la Marne et les trois forteresses de La Ferté, de Château-Thierry et de Châtillon ; au sud, par le Petit Morin et Montmirail ; mais elle était largement ouverte à l'est. De ce côté cependant elle avait un puissant moyen de protection naturelle ; c'étaient les immenses forêts qui s'étendent depuis Montmirail jusqu'à Reims, d'abord entre le Petit Morin et le Surmelin, en passant devant Orbais ; ensuite entre le Surmelin et la Marne, en formant un immense quadrilatère, s'étendant d'Orbais à Boursault, Épernay et Vertus.

Toutes les montagnes entre lesquelles coule la Marne étaient richement boisées, et Jules César rapporte que presque tous les Gaulois avaient leurs habitations au voisinage des forêts (2). L'Histoire ecclésiastique, de son côté, nous apprend que le moine saint Fiacre, au commencement du viie siècle, se retira sur les hauteurs de la Brie, qui étaient alors couvertes d'*épaisses forêts* qu'il défricha et fit défricher. Ce lieu porte aujourd'hui son nom. C'est également au milieu des bois, dans le *saltus Briegius* qu'a été fondé le monastère de Jouarre ; c'est donc le clergé, qui, à partir des viie et viiie siècles, fut l'un des grands agents de déboisement. Son œuvre fut continuée par ses serfs et par les seigneurs (3). Malgré les défrichements nombreux qui ont été faits depuis plus de dix siècles, on peut aujourd'hui encore suivre les traces de ces forêts qui furent le berceau de nos ancêtres et l'un des principaux objets du culte des habitants primitifs des Gaules.

Au nord de La Ferté-Aucoulf, à Château-Thierry, s'étendent les bois de Sabarois (4), de Méry, Nanteuil, Bézu, Domptin,

---

(1) « Constat quidem et Montemmirabilem castrum in Briegii, finibus « positum ad diœcesim suessionicum pertinere necnon Buscionem cella Cluniaco subjecta illustrem et Castellioni ad matronam propinquum. » (Hadrien de Valois, p. 97.) M. Longnon pense que *Buscionem* est une mauvaise forme du nom de Binson où il y avait en effet un prieuré de Cluny.

(2) *Commentaires de César*, Guerre des Gaules.

(3) A. Maury, *Mémoire sur les forêts de la Gaule*. Acad. des sciences mor. et politiques, Savants étrangers, *Antiquités de France*, 2e série, t. IV, p. 65.

(4) Bois de Scuroi, *Livre des Vassaux de Champagne*, n° 808.

Coupru, Champversis, Villiers, Charly, Ruvet, les bois de la Hargne, de Romeny ou Morizet, le bois du Loup ou des Écoliers, le bois des Rochets (*nemus de Rocheel*, 1267) (1); puis les bois de Barbillon, 1219 (2) de Jaulgonne, de Fère, la forêt de Ris (*nemus de Ri*, 1165). (3) Au sud, c'est-à-dire sur la rive gauche de la Marne, même richesse forestière ; ce sont des bois immenses dans lesquels s'est fondé, au VIIe siècle, le monastère de Jouarre, puis les bois de Morat, de Cornevent, dont les restes occupent l'angle compris entre le cours du Petit Morin et de la Marne, entre Saint-Cyr, Luzancy et La Ferté. Ces forêts se rattachaient par la forêt du Mant aux bois de Meaux. On trouve encore des bois, mais moins vastes sur les hauteurs de Saacy, puis ils reparaissent plus considérables au-dessus de Pavant ; ce sont les bois du Hatoy, de la Folie, de la Ferme-Marie. Viennent ensuite les bois de la Haute-Borne, du Tartre, de Nogent.

Dans l'acte de fondation de l'abbaye des Dames religieuses de Sainte-Claire à Nogent, par la reine Blanche de Navarre, comtesse palatine de Champagne et de Brie (4), le 25 juin 1299, on a l'énumération exacte et complète des bois de cette localité qu'elle a donnés à l'abbaye, c'est-à-dire 440 arpents, savoir :

Bois de Larris.....................	90 arpents.
Idem de Lannoy de la Nouë (5)	35 arpents 3/4
Idem de la Broce-Troussel	7 arpents 1/2
Idem de Lannoy de Becherel	1 arpent 1/2
Idem de Dardourel.................	7 arpents 1/4
Idem des Brosses de la Verrine	9 arpents.
Idem de la Houssière	108 arpents.
Idem de Bruisselles......	181 arpents.
Total	440 arpents.

(1) Ch. de l'Abbaye d'Essômes.
(2) Cart. de l'abb. de Saint-Médard de Soissons, f° 27.
(3) Cart. d'Igny, f°ˢ 26, 179.
(4) *Gallia Christ.*, X, p. 139.
(5) Noë, noue, *pré bas, pâturage*.

Le bois connu aujourd'hui sous le nom de *Bois des Dames* est un reste des bois de ce monastère ; puis ce sont les bois de Chézy, la Grande-Queue, la Petite-Queue, le Grand et le Petit Luquis (*Luqueium*, 1134), qui ne sont plus que des fermes ou des terrains de culture : ce sont les bois de Vieils-Maisons ou de la Grande Forêt, les bois de Nogentel, de Nesles, de Crézancy, de Pargny, de Condé, de Sainte-Eugène, du Breuil (*Brolium*, bois giboyeux), le bois Mélion ou Milon (1267).

Si maintenant nous voulons étudier le pays avec plus de détails, nous trouvons à cette époque du moyen âge un nombre assez considérable de petits centres de population établis sur les bords de la Marne, au pied des forêts. Ce sont d'abord, à partir de La Ferté, en remontant le cours de la Marne, et sur sa rive gauche :

Radolium, 628, *Reuil*, monastère fondé par Rado, frère d'Ado, fondateur du monastère de Jouarre et d'Audoen (Ouen), fondateur du monastère de Rebais. (Hist. de France, III, 513. Vie de saint Agilus. Hadrien de Valois, *Notitia Galliarum*.)

Lusanciacum, *Luzancy*, peut-être à l'origine *Lucentiacum*, la demeure de Lucencius.

Saci, 1275, *Saacy*. (Bib. nat. manusc., n° 4175.)

Citriacum, *Citry-Saint-Ponce*.

Pisceleu, Pisseleu, 1288, *Pisseloup*. (Ch. de l'Hôtel-Dieu de Soissons, 77.)

Penvennum, 855, *Pavant*, nom évidemment celtique (Mabillon III, *Ann. Bened.* p. 668).

Novigentus, 829, *Nogent* (Mabillon, II, *Ann. Bened.* p. 52. Voir le *Polyptique* de l'abbé Irminon, texte p. 70.)

Puis la petite résidence royale de **Casiacum, Casiei**, 855, *Chézy*. (Dipl. de Charles le Chauve, arch. dép.)

Nugentum super Raidonem, 1134, *Nogentel* ou le Petit Nogent. L'addition du diminutif peut bien ne dater que du xii⁰ siècle.

Nigella, 1131, *Nesles*. (Arch. nat. L 1005.)

Stampæ, xii⁰ s. *Étampes*. (Cart. Abb. St-Crépin le Grand, f° 14.)

Chierriacum, 1218, *Chierry*. (Cart. Chap. Cath. Soissons.)

Belesmæ, Belesmia, 1131, *Blesmes*. (Arch. nat. L 1005.)

Falsiacum, 1216, *Fossoy.* (Cart. de l'Hôtel-Dieu de Soissons, 88.)

Minseium, 1155, *Mézy-Moulins.* (Arch. abb. St-Pierre de Chézy.) Il existait à cette époque à Mézy un pont, mais en mauvais état, *mès li pons chei.*

Cortemont, 1155, *Courtemont,* de *cors, curtis,* mot qui chez les Gallo-Francs signifiait le domaine rural et était synonyme de *Villa.* (Cartul. Chap. Cathéd. de Soissons, f° 232; voir *Longnon,* Livre des vassaux de Champagne, n°ˢ 1019, 1091.)

Courtisy, 1400, *Courthiezy* (Arch. nat. P 134, 180).

Et enfin **Vicus Duromannensis,** 1085, *Dormans.* (*Gallia christiana,* t. 10, f° 191, *Instrumenta.*) — Le préfixe *duro* se retrouve aussi dans *Durocortorum,* Reims, *Durocatalaunensis,* Châlons.

Entre la Marne et le Petit Morin, au delà des montagnes qui bordent la rive gauche de la Marne, nous trouvons :

Saint-Syre. 1122, 1172, *Saint-Cyr.* (Livre des Vassaux de Champagne, n° 729, p. 115.)

Saint-Audoen, 1172, 1222, *Saint-Ouen.* (Livre des Vassaux de Champagne, n° 733; voir aussi la Vie de saint Ouen dans les *Historiens de France,* III, p. 611.)

Orli, 1172, 1222, *Orly.* (Liv. des Vassaux de Champagne, n° 720.)

Busseriæ, 1363, *Bussières.* Du latin *buxus,* buis, on a formé le bas latin *Buxaria,* et au pluriel *Buxariæ, Bussariæ, Busseriæ.*

Salvonariæ supra Moram, 511, *Sablonnières* (voir Pécheur, Ann. du Dioc. de Soissons, I, p. 116).

Verzelou, 1134, *Verdelot.* (Arch. de l'abb. Saint-Pierre de Chézy.)

Bachevel, 1186, *Bassecelle.* (Germain, Hist. abb. N.-D. de Soissons, p. 439.)

Vies-Mesons, 1214, 1222, *Viels-Maisons.* (Livre des Vassaux de Champagne, 1115.)

Curbuin, 1169, *Courboin.* (Cart. de l'abb. d'Essômes.)

Venderiæ, 1140, *Vendières.* (Cart. de l'abb. Saint-Jean-des-Vignes, Bibl. nat.)

Espine-aux-Bois, 1214, *l'Epine-aux-Bois.* (Cartul. de l'abb. Saint-Médard, f° 130, Arch. de l'Aisne.)

Marchasium, VII° s., **Marchesium**, 1110, *Marchais*. (Cart. de l'abb. de Saint-Jean-des-Vignes, Bibl. nat. Manuscrits.) Dérivé de *Marchesium, Marchasium*, lieu marécageux. (Du Cange.)

Fonteneles in Bria, 1328, *Fontenelles*. (Cart. de l'abb. de Saint-Jean-des-Vignes, Bibl. nat.)

Mons Mirabilis, 1172, *Montmirail*. (Livre des Vassaux de Champagne, App. 75.)

Puis viennent d'autres centres de population qui, sans avoir de prétention stratégique, n'en portent pas moins des noms remarquables ; ce sont :

Mons Falconis, 1238, *Montfaucon*. (Cart. de l'Hôtel-Dieu de Soissons, 190, ch. 81.)

Mons Livonis, 1110, *Montleron*. (Cart. de l'abb. de Saint-Jean-des-Vignes.)

Mons Odonis, 1296, *Monthodon*. (Arch. nat., L 1002.)

Montigni in Bria, 1301, *Montigny*. (Pouillé du diocèse de Soissons, f° 40.)

Au confluent du Surmelin, de la Dhuys et du Verdon s'est élevée une petite colonie qui a pris tout naturellement le nom de **Condatum**, 851, *Condé-en-Brie*, qui signifie *confluent*, nom si fréquent en France et donné à beaucoup de localités situées au confluent des cours d'eau. (Arch. nat. L 1001.)

Citons encore parmi les noyaux de population de cette époque :

Peurei, 1172-1222, *Paroy*. (Livre des vassaux de Champagne, n°° 997-999.)

Cresanci, 1172-1222, *Crézancy*. (Idem, n°° 997, 1112.)

Vicus fortis, 1210, *Viffort*. (Cart. de l'abb. de Saint-Jean-des-Vignes. Bibl. nat. f° 49.)

Hertongie, 1038, *Artonges*. (Suppl. Don Grenier, 296.)

Pareniacus, 1195, *Pargny*. (Cart. de l'abb. de Saint-Jean-des-Vignes, f° 44.)

Brueil, 1399, *Le Breuil*, de *Brolium*, bois giboyeux. (Arch. nat. P 180, 100.)

Belna, 1191, *Baulne-lès-Condé*. (Cartul. de l'abb. de Saint-Jean-des-Vignes.)

Kala, 1156, *Celles-lès-Condé*. (Collect. Don Grenier, Bibl. nat. paquet 24, n° 9.) *Cella, Celle*, retraite religieuse ayant servi de chapelle aux premiers chrétiens. On donnait anciennement le nom de *Celle* aux prieurés, aux petits monastères, aux ermitages et aux lieux habités par un seul moine ou reclus. (Toussaint Duplessis, *Histoire de l'Eglise de Meaux*, t. I, p. 115.)

Conegi. 1218, *Connigis*. (Cart. de l'abb. de St-Jean-des-Vignes, f° 54.)

Sanctus Anianus in pago Briacensi, 1110, *Saint-Agnan*. (Id., *ibid.*)

Si nous nous reportons sur la rive droite de la Marne, et en remontant son cours, à partir de La Ferté-sous-Jouarre, nous trouvons :

Chaminiacum, 1363, *Chamigny*. On trouve Chemigny, 1163, 1180, dans l'*Histoire de l'Église de Meaux*, par Toussaint Duplessis, t. II, p. 52, 67.

Sancta Alda de Balda, 1363, *Sainte-Aulde*, du nom d'une des parentes de l'abbesse de Jouarre. Toussaint Duplessis est porté à croire que sainte Aulde et sainte Balde sont une seule et même personne. Sur le titre de monastère de Reuil et ailleurs encore, on trouve le nom de Aulde écrit *Halda* ; il y a si peu de différence entre *Halda* et *Balda* qu'on aura bien pu prendre un B pour un H. Nous trouvons effectivement sainte Balde parmi les abbesses de Jouarre, bien que la *Gallia christiana* ne la cite que sous toutes réserves, après sainte Aguilberte, deuxième abbesse.

Meri, 1135, *Méry*. (Bulle d'Innocent II, en faveur de l'abbaye de Rebais. Livre des Vassaux de Champagne, n° 931.)

Nantueil, 1275, *Nanteuil-sur-Marne*, peut-être dérivé de *Nant*, eau, rivière, nom fréquent dans nos pays. (État des biens de l'abbaye de Jouarre.)

Creuttes, 1208, *Crouttes*, de *Cruptæ*, cavernes. (Cart. de l'abbaye de Saint-Jean-des-Vignes, f° 95.)

Près de Crouttes, à environ un kilomètre, sur le bord de la Marne, est un lieudit qu'on appelle **la Bauve.**

Portron. 1563. (Titres de l'Hôtel-Dieu de Soissons.)

Trachy ou **Drachy,** 1250, *Drachy*, qui fournit une abbesse à l'abbaye N.-D. de Soissons, Odeline, démissionnaire en 1273. (Histoire de l'abbaye de N.-D. de Soissons, par Germain.)

Puis, plus loin, sur le bord de la Marne, c'est la métairie de Charles, **Carliacus**, 858, **Villa Carliaca**, *Charly-sur-Marne*. (Germain, *Histoire de l'abbaye de N.-D. de Soissons*, p. 129.) Deux ruisseaux bordent Charly à l'ouest et à l'est et vont se jeter dans la Marne. Sur le premier, le plus considérable, se sont établis quelques colons à **Copperu**, XIIIe siècle, **Colperiacus**. *Coupru*. (Cartul. de l'abb. de N.-D. de Soissons, f° 33.)

Au-dessous de Coupru, sous le patronage de saint Quentin, *Dominus Quintinus*, **Dom .... tin (us)**, s'est établie près des bois une autre petite bourgade, au XIIe siècle, *Domptin*, dont saint Quentin est encore le patron. (DONTIN, livre des vassaux de Champagne, n° 996.)

C'est ensuite **Vilare juxta Carliacum**, 1247, *Villiers*, hameau formé alors de quelques cabanes, ainsi que l'indique son nom, qui est aussi très-commun en France. (Cartul. de l'abbaye de Saint-Médard, f° 33, Bibl. nat., manuscrits.)

Avant de se jeter dans la Marne, ce ruisseau, qui serpentait au milieu des bois, traverse un petit hameau dépendant de Charly, qui, au XIIe siècle, portait le nom gracieux de **Ru Verdenoise**. (Cart. abb. N.-D. de Soissons, f° 248.) Dans la déclaration des fiefs que possédait l'évêque de Soissons en 1363, ce petit hameau est appelé **Rue Danoise**. Depuis cette localité jusqu'à l'entrée de Charly, le ruisseau prend aujourd'hui le nom de *Rû Danon*, par corruption du mot primitif *Danois* ; de là à la Marne, il prend celui de *Rû Gousset*, par corruption du mot primitif *Rû Bousselle*, nom d'un fief de Charly qu'il traversait.

Le hameau de **Ruvest**, *Rucest*, *Rurêt*, n'apparaît qu'en 1543. (Titres de l'H.-D. de Château-Thierry.)

Puis viennent :

Saucheri, 1280, **Chaucery**, aujourd'hui *Saulchery*. (Cartul. de l'abb. de Saint-Jean-des-Vignes.)

Pons ad Novigentum, 1273, *Le Pont*, hameau situé vis-à-vis de Nogent et ainsi nommé à cause d'un pont construit de temps immémorial et qui était le passage de la grande voie royale. Il en reste encore une arche, sur laquelle avait été établi le moulin de Nogent. Dans les basses eaux de la Marne et avant l'établissement des barrages, on pouvait voir encore l'emplacement des piliers. (Cartul. de l'abb. de Saint-Jean-des-Vignes, 11004, f° 16, manuscrit latin, Bibl. nat.)

Un peu plus loin, toujours vis-à-vis de Nogent, est un monticule, **Mont Hoisel**, *Montoiselle*, habité par quelques colons.

Romaniacum, IX° siècle, *Romeny*. (Cartul. de l'abb. de Saint-Médard, f° 125, Arch. de l'Aisne.)

Azyacus, XII° siècle, *Azy*, où l'on a trouvé un dolmen. (Suppl. Don Grenier, 293, Bibl. nat.)

Bonogilum, 834, *Bonneil*. (*Vita Ludovici regis, Historiens de France*, VII, VIII, 115, A.)

Alnetum, 1188, *Aulnois*, où il existait un moulin au XII° siècle, *molendinum de Alneto*, et évidemment des bois où prédominait l'aulne, ainsi que l'indique la désinence *etum*, correspondant aux terminaisons *ay, oy, ois*. (Arch. de l'Aisne, Cartul. de l'abb. de Saint-Médard de Soissons, f° 18.)

Sosma, 1090, *Essômes*, remarquable par son abbaye fondée en 1090. (Cart. de l'abb. de Saint-Médard, f° 127.) De *Sosma* on a fait Essômes, par prothèse de E, *E-sosma*, comme de *Stampæ* on a fait Etampes.

Et enfin **Castrum Theodor...**, VIII° siècle, *Château-Thierry*.

Après l'abbaye de **Barra**, 1243 (Arch. nat. L 1006,, *La Barre*, située au pied du château, la voie qui longeait le bord de la Marne conduisait à :

Berella, 1188, *Brasles*. (Suppl. Don Grenier, 293.)

Glandi, 1218, *Gland*, où il existait alors un moulin, *molendinum de Glandis*. (Suppl. Don Grenier, 293.)

Mont-Saint-Peire, 1172, *Mont-Saint-Père*. (Livre des Vassaux de Champagne, n° 1017.)

Cartovorum, 1242, *Charlères*. (Suppl. Don Grenier, 296.)

Jaugunne, 1223 (Cartul. de l'abb. d'Igny), **Jargonia**, *Jaulgonne*, où les rois de France avaient droit de gîte. (Arch. nat. L 1006.)

Paci, 1197, *Passy-sur-Marne*. (Cartul. d'Igny, f° 20.)

Treslure, 1140. (Cartul. de l'abb. de Saint-Jean-des-Vignes.) **Tresloc**, 1186, *Treloup*.

Et enfin **Castellio**, *Châtillon-sur-Marne*, pour se rendre à la capitale du *Pagus Catalaunicus*, ou Pays Catalaunique, *Châlons* (1).

Si nous nous reportons plus au nord de la Marne, de La Ferté-sous-Jouarre à Château-Thierry, nous trouvons encore :

Basil le Guerri, 1172-1222, *Bézu-le-Guéri*. (Livre des Vassaux de Champagne, n° 1043.) Dans le supplément à Don Grenier, 293, on trouve en 1186, **Besuacus Vastatus**, *Bézu-le-Décasté*, dénomination qui doit être antérieure à la première.

Monasteriolum, 1136, 1182 (Petit Monastère), *Montreuil-aux-Lions*, **Mousteruel**, 1214-1222. (Livre des vassaux de Champagne.)

Monniaux, 1355, *Moineaux*. (Cartul. de l'abb. d'Essômes.)

Vauls, 1355, *Vaux*. (Id. ibid.)

Borraches, 1264, *Bo020uresches*. (Cartul. de l'Hôtel-Dieu de Soissons, 89.)

Bossere, 1169, *Bussiares*. (Historiens de France, t. XV, p. 875, D.) Pour l'étymologie, voir Bussières, ci-dessus.

Turci, 1231, *Torcy*. (Ch. de l'Hôtel-Dieu de Soissons, 89.)

Balolium, 1231, *Belleau*. (Id. ibid.)

Estrepilli, 1263, *Étrépilly*. (Id. ibid., 82, 84.)

Espaux, 1251, *Épaux*. (Suppl. Don Grenier, 293.)

Monasteria, 1231, *Monthiers*. (Ch. et Titres de l'Hôtel-Dieu de Soissons.)

Aultevesne, 1411, *Hautevesne*. (Arch. nat. Q 4.)

Lusai, 1233, *Licy-les-Moines* ou *Licy-Clignon*. (Ch. de l'Hôtel-Dieu de Soissons, 117.)

Lussy, 1233, *Lucy-le-Bocage*. (Id. ibid.)

Corchamps, 1226, *Courchamps*. (Id. ibid.)

(1) M. Longnon pense que *Binson*, capitale du *Pagus Baginsonensis* a dû perdre sa suprématie vers le milieu du xe siecle, époque où cette localité a pu être détruite dans les guerres civiles. C'est vers 940 qu'on indique pour la première fois la construction d'un *Castrum* sur une colline placée à droite de la Marne, qui bientôt devint *Castellio*, Châtillon, et hérita de la prédominence que Binson avait sur les environs. Châtillon devint en effet chef-lieu d'une des principales châtellenies des comtes de Champagne. (Voir auss Pécheur, *Annales du Diocèse de Soissons*, II, p. 76.)

Bonnæ. 1145, *Bonnes.* (Cart. de l'abb. de Saint-Jean-des-Vignes, f° 95.)

Sommelent. 1204, *Sommelans.* (Cart. de l'abb. de N.-D. de Soissons, f° 89.)

Periers. 1203, *Priez.* (Cart. de l'Hôtel-Dieu de Soissons, 149, 151.)

Glisoriæ. 1214, *Grisolles.* (Cart. du Chap. de la Cath. de Soissons, f° 169.)

Entre la voie de Soissons à Château-Thierry et les *Pagi Tardinensis* et *Baginsonensis,* nous trouvons, du nord au sud :

Beuvarda. 1223, *Beuvardes.* (Suppl. français, 1195, Bibl. nat., manuscrits.)

Curremont, 1158, *Courmont.* (Cartul. de l'abb. d'Igny, f°s 2, 14, 138, Bibl. nationale.)

Roncheriæ. 1205, *Ronchères.* (Id. f°s 108, 230.)

Fraxinum. (1) 1167, *Fresnes.* (Cart. de l'abb. de Saint-Yved, de Braisne, Arch. nationales.)

Charmellum, 1191, *Le Charmel.* (Cartul. de l'abb. d'Igny.)

Espiers, 1110 (Cart. de l'abb. de Saint-Jean-des-Vignes); **Espieds en Brie.** 1342, **Espiers en Tardenoys.** (Trésor des Chartes, registre 75. pièces 137, 391, 392, Archives nationales.) Dans ces textes tardifs, les mots *en Tardenois,* indiquent la situation des lieux dans l'Archidiaconé de Tardenois, au diocèse de Soissons, archidiaconé comprenant une partie du *Pagus Urcensis,* pays Orxois.

Vredilly, 1298, *Verdilly.* (Arch. de Chauny.)

Vallis Secretæ conventus. 1131, couvent de *Val-Secret.* (Arch. nationales, L 1005.)

Sur les montagnes situées au nord de Charly se sont établis peu à peu des centres d'exploitation agricole qui ont tiré leur nom de leur situation ou bien de leurs produits. C'est le **Mont-Dorin,** c'est **Beaurepaire** (1234) ; c'est la **Masure,** (de *mansura,* petite habitation) ou **Bois-Villiers** ; c'est la **Ferme-Neuve** ; c'est la **Genête,** *Genest,* au

---

(1) Cette localité et la suivante ont pris leur nom des bois *frêne* et *charme.*

xvie siècle ; c'est la ferme **Malassise** ; c'est la **Canardière** ; ce sont les deux **Fondés**, Haut et Bas, aujourd'hui **Bois-Fondé**, le Haut ayant été détruit ; c'est la **Baudière**, ou propriété de Jean Baudier au xive siècle ; c'est la **Louvière**, c'est **Mont-Cherel**, aujourd'hui Moucherel ; c'est le **Mont-de-Bonneil**, *Mons de Bonogilo*.

En général, ces monts ou monticules semblent avoir été de simples fiefs plutôt que des points de défense, et quelques-uns empruntaient leurs noms aux seigneurs qui les possédaient.

On voit, par ce qui précède, que les principaux noyaux de population dans nos contrées sont postérieurs à l'invasion romaine. Presque tous les noms peuvent être considérés comme étant tirés du latin, puisque notre langue est elle-même une langue romane. Cependant il serait plus exact de dire que beaucoup sont des dénominations essentiellement féodales, c'est-à-dire postérieures à Charlemagne. Beaucoup de ces noms indiquent, soit une situation stratégique comme *La Ferté, Château-Thierry, Châtillon*; soit une position topographique comme *Montmirail, Crouttes*; soit un titre de propriété seigneuriale comme *Charly*, métairie de Charles ; soit la destination du lieu qui pouvait être un monastère, comme *Montreuil, Monthiers*. Quelques pays cependant présentent dans la formation de leurs noms des racines celtiques, tels que *Nanteuil*, de *Nant*, rivière ; *Condé*, de *Condate*, confluent, etc.; mais encore ces exceptions sont-elles extrêmement rares et nous confirment dans notre opinion que c'est l'élément romain ou latin qui domine dans nos contrées.

Beaucoup de localités étaient reliées entre elles par des moyens de communications en général assez mauvais ; mais deux grandes voies traversaient la partie galvessienne du *Pagus Brigensis*, c'étaient :

1° *La voie de Soissons à Troyes*, passant par Taux, Hartennes, Oulchy-le-Château, Château-Thierry, Viffort, Montmirail, etc.

2° *La voie de Paris à Reims*, passant par La Ferté, Crouttes, Charly, traversait un pont de pierre vis-à-vis de Nogent et passait par Nogent, Chézy, Étampes, Chierry, Blesmes, Crézancy, etc. En effet, si nous voulons nous guider sur l'itinéraire suivi par le roi Philippe le Bel en 1302 (1), nous le trouvons le dimanche 25 février avec la reine à Lagny, le 26 à Crécy, le 27 à Jouarre. Le mercredi 28 février, il va de Jouarre à Nogent-l'Artaud, où il couche seul à l'abbaye, la reine ayant continué la route jusqu'à Château-Thierry. Du jeudi 1er mars au lundi 5, les deux souverains séjournent à Château-Thierry et vont le soir coucher à Jaulgonne.

Nous n'avons pas de données positives sur l'époque précise où fut détruit le pont de pierre de Nogent. Nous le trouvons mentionné pour la première fois en 1273 (2) ; avant 1464 il n'existait déjà plus. Nous sommes presque autorisé à croire qu'il a été détruit pendant les guerres des Anglais, qui ont dominé en Champagne de 1421 à 1429, et qui se sont livrés ainsi que les Bourguignons, dans nos pays, à toutes sortes de brigandages. Depuis la destruction de ce pont, la route cessa de traverser Nogent, passa sur le bac de Romeny pour rejoindre Chézy, et cela dura jusqu'en 1734.

Il y avait une autre voie de Paris à Reims, passant par Meaux, Gandelu, Mareuil, Fismes, etc. Nous n'avons pas à nous en occuper, puisqu'elle est étrangère à notre contrée.

(1) *Historiens de France,* t. XXII, p. 532.

(2) En 1273, l'abbaye de Saint-Jean-des-Vignes avait un droit de 40 sous de rentes à prendre sur le péage du pont de Nogent. Ce pont n'existait plus en 1464, ainsi qu'on peut le voir dans la déclaration des biens de l'abbaye de Saint-Jean-des-Vignes au bailliage de Vitry, en 1464. (Biblioth. nat., manuscrits. Cartul. de l'abbaye de Saint-Jean-des-Vignes, texte latin, 11004, fo 16.)

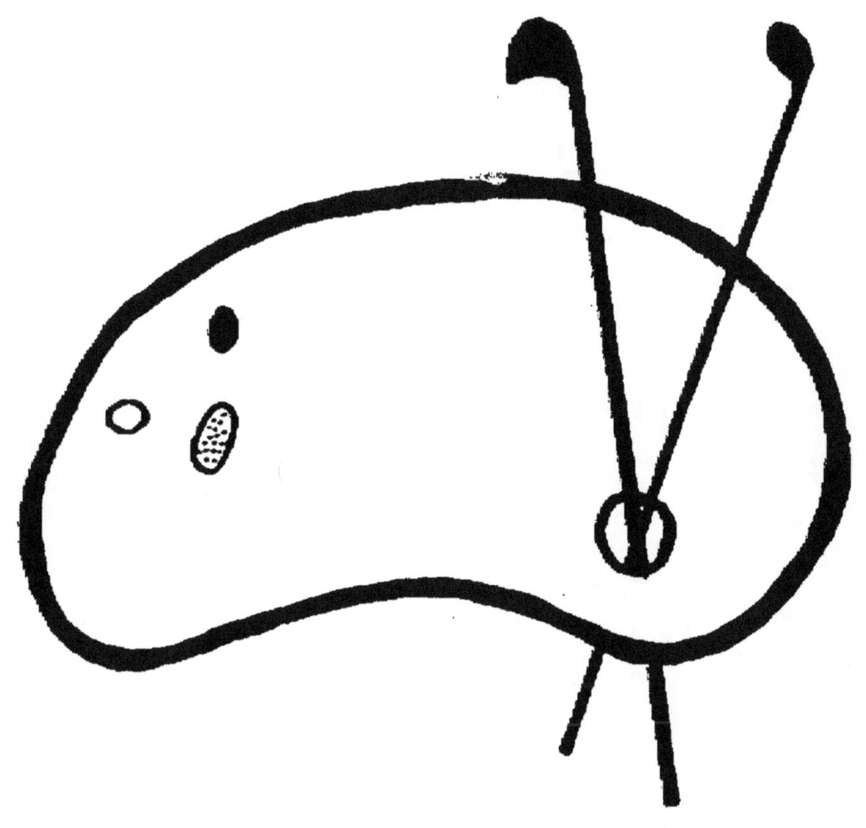

ORIGINAL EN COULEUR

NF Z 43-120-8